Suleiman Adebara

Processos de tratamento de água e rede de distribuição em Osogbo, Nigéria

Suleiman Adebara

Processos de tratamento de água e rede de distribuição em Osogbo, Nigéria

ScienciaScripts

Cover image: www.ingimage.com

This book is a translation from the original published under ISBN 978-3-659-86527-5.

Publisher:
Sciencia Scripts
is a trademark of
Dodo Books Indian Ocean Ltd. and OmniScriptum S.R.L publishing group

120 High Road, East Finchley, London, N2 9ED, United Kingdom
Str. Armeneasca 28/1, office 1, Chisinau MD-2012, Republic of Moldova, Europe
Managing Directors: Ieva Konstantinova, Victoria Ursu
info@omniscriptum.com

Printed at: see last page
ISBN: 978-620-8-53530-8

ÍNDICE DE CONTEÚDOS

AGRADECIMENTOS

Agradeço a Deus todo-poderoso o sucesso deste trabalho, que contribuiu para encontrar soluções para os estrangulamentos registados durante a distribuição de água. Agradeço igualmente aos meus colegas, amigos e alunos que me apoiaram durante este trabalho de investigação, entre os quais se contam a Engr. Sra. K.O. Olorunfemi, o Sr. Abayomi Afolayan, o Sr. Olatunji Abass, Anifowose Mukaila e Olalere Oladapo. Não esquecerei a inspiração e o encorajamento do Barr. Dr. Ganiyat Olatokun, da minha adorável esposa (Sra. Muibat Omowumi Adebara) e dos meus inestimáveis filhos. Rezo a Deus todo-poderoso para que vos recompense abundantemente (ámen).

CAPÍTULO 1

INTRODUÇÃO

1.1 Preâmbulo

A Nigéria encontra-se entre os países com o nível mais baixo de abastecimento de água potável do mundo, apesar de ter sido signatária da década internacional da água (1981 - 1990). A situação do abastecimento de água urbano e rural é caracterizada por um baixo nível de cobertura que pode ser o resultado de um fraco empenhamento político, da falta de cultura de operação e manutenção das instalações existentes, do mau acabamento dos empreiteiros, etc. A água fornecida pelo governo é geralmente irregular ou pouco fiável, pelo que é inadequada para satisfazer as necessidades dos agregados familiares. O tipo de tratamento fornecido por um sistema público de água específico varia consoante a dimensão dos sistemas, o facto de utilizarem águas subterrâneas ou águas superficiais e a qualidade da fonte de água. Foi referido que cerca de 1,1 mil milhões de pessoas não têm acesso a água potável. Esta situação deve-se ao crescimento da população e à rápida urbanização, que poderá aumentar nos próximos anos, a menos que sejam efectuados investimentos maciços e sérios em infra-estruturas de abastecimento para travar esta tendência. São necessários investimentos maciços em infra-estruturas de abastecimento, bem como reformas na operação e manutenção do sistema de abastecimento para aumentar a eficiência. A quantidade e o tipo de tratamento aplicado por um sistema público de abastecimento de água varia consoante a fonte, o tipo e a qualidade. Muitos sistemas de água subterrânea podem ser aplicados sem qualquer tratamento (Adepoju, 2009).

Um grande desafio para as empresas de abastecimento de água é equilibrar os riscos dos agentes patogénicos microbianos e dos subprodutos da desinfeção. Os fornecedores de água utilizam uma variedade de processos de tratamento para remover os contaminantes da água potável. Estes processos individuais podem ser organizados num "comboio de tratamento" (uma série de processos aplicados em sequência). Normalmente, uma rede subterrânea de tubagens fornece água potável às casas e empresas servidas pelo sistema de água. Os pequenos sistemas que servem apenas um punhado de habitações podem ser relativamente simples. Os sistemas de água das grandes metrópoles podem ser extremamente complexos. Por vezes, milhares de quilómetros de tubagens servem milhões de pessoas. Embora a água tratada possa ser segura quando sai da estação de tratamento de água. É importante garantir que esta água não seja contaminada no sistema de distribuição devido a situações como rupturas nas condutas de água, problemas de pressão ou crescimento de microrganismos.

Tendo em conta esta taxa de crescimento, criou-se um fosso entre a oferta e a procura de água potável, pelo que a água teve de ser racionada entre as cidades e aldeias ao abrigo do regime hídrico, deixando algumas das áreas recentemente desenvolvidas para satisfazer as suas necessidades de água através da compra a camiões-cisterna, da construção de furos e da escavação de poços.

1.2 Finalidade e objectivos do estudo

O objetivo deste trabalho de projeto é investigar os vários processos de tratamento de água e os possíveis estrangulamentos que afectam a rede de distribuição de água em Osogbo, com os seguintes objectivos

1. Identificar os vários processos de tratamento de água e avaliar a sua eficiência para a água portátil consumível.
2. Determinar a quantidade de água distribuída e fornecida a Osogbo.
3. Determinar o problema da distribuição de água à população.
4. Determinar os factores que afectam a rede de distribuição de água em Osogbo.
5. Sugerir possíveis formas de melhorar os problemas para uma distribuição eficaz da água na metrópole de Osogbo.

1.3 Âmbito do estudo

O objetivo deste estudo é destacar os problemas de distribuição de água na metrópole de Osogbo e investigar os vários processos de tratamento de água na Osun State Water Corporation localizada em Ede.

1.4 Importância do estudo

1. Educar a população sobre as instalações de manutenção da água, tais como tubagens

2. Melhorar a eficiência em termos de qualidade e quantidade de água transmitida ao consumidor

3. Incentivar o pagamento da água para melhorar e manter as instalações de transporte de água.

1.5 Descrição da área de estudo

A metrópole de Osogbo, a capital do Estado de Osun, na Nigéria, é composta por duas áreas governamentais locais, nomeadamente a área governamental local de Olorunda e a área governamental local de Osogbo. A Osun State Water Corporation Erinle Ede fornece água potável à metrópole de Osogbo e aos seus cidadãos através do novo sistema de abastecimento de água de Ede (o maior sistema de abastecimento de água do Estado), construído há mais de quinze anos para abastecer cerca de quarenta cidades e aldeias em dezasseis áreas governamentais locais. Com o objetivo de garantir o acesso à água a preços acessíveis, os cidadãos pagam entre N250 e N300 por mês. A produção de água para abastecimento das massas é muito baixa, porque a capacidade de produção projectada da central de água em funcionamento não foi aumentada para fazer face ao desenvolvimento da metrópole.

O desenvolvimento de Osogbo segue o padrão das povoações tradicionais iorubás da Nigéria, caracterizadas por famílias tradicionais com uma longa história de residência nas cidades e uma elevada densidade populacional. Osogbo, sendo uma cidade tradicional do sudoeste da Nigéria, partilha as mesmas semelhanças com Ibadan, a maior e uma das mais antigas cidades de África. Do ponto de vista político, Osogbo é conhecida pelo seu tecido local de corante "aro". Também se pode orgulhar de ter um terminal de comboios nacionais localizado na antiga área de garagem no centro da cidade.

CAPÍTULO 2

REVISÃO DA LITERATURA

2.1 Revisão geral

O processo de transformação da água da chuva em água da torneira é mais complexo do que se possa imaginar. A água que sai da torneira passou por vários processos que limpam e alteram as suas propriedades originais, física e quimicamente. A importância de uma boa água potável para a manutenção da saúde humana foi reconhecida desde cedo na história. No entanto, foram necessários séculos para que as pessoas compreendessem que os seus sentidos não eram suficientes para avaliar a qualidade da água. Os primeiros tratamentos de água baseavam-se na filtragem e eram motivados pelo desejo de eliminar o sabor e o aspeto das partículas na água. A filtração foi estabelecida como um meio eficaz de remoção de partículas da água e amplamente adoptada na Europa durante o século XVIII (Environmental Protection Agency, 2004). A água é um recurso limitado, sendo que menos de um por cento da água da Terra é doce e pode ser utilizada para consumo humano. A quantidade desta água nunca irá aumentar, uma vez que o ciclo da água é um sistema fechado. Isto parece difícil de imaginar quando sempre pudemos abrir uma torneira e obter a quantidade de água de que necessitamos. As Diretrizes da Austrália para a Água Potável (ADWG) fornecem à comunidade australiana e à indústria de abastecimento de água orientações sobre o que constitui uma água potável de boa qualidade, preocupando-se com a segurança da água do ponto de vista da saúde e com a sua qualidade estética. De acordo com as Diretrizes Australianas para a Água Potável, idealmente, a água potável deve ser límpida, incolor e bem arejada, sem sabor ou odor desagradável, e não deve conter matéria em suspensão, substâncias químicas nocivas ou microrganismos patogénicos. A água potável não deve conter produtos químicos, substâncias orgânicas ou organismos que possam ser prejudiciais à saúde humana. A água potável deve também estar a uma temperatura razoável e estar isenta de odores, sabores e cores desagradáveis.

2.2 Diferentes tipos de processos de água

De acordo com a Agência de Proteção Ambiental (2004), os diferentes tipos de processos de tratamento de água incluem Captação de água da barragem ou do reservatório , Coagulação (adição de Alúmen e Cal), Tanque de Floculação, Bacia de Sedimentação, Recolha de Lamas, Espessamento de Lamas, Armazenamento de Lamas, Reutilização e Eliminação, Filtração, Desinfeção e Fluoretação, Armazenamento de Água e Distribuição de Água.

2.2.1Captação de água de barragens

A água é recolhida das barragens e reservatórios através de uma bomba para a estação de tratamento de águas. Toda a área de onde um riacho ou rio recebe a sua água é designada por bacia hidrográfica, que é uma área de drenagem natural, delimitada por terrenos inclinados, colinas ou montanhas, a partir da qual a água corre para um ponto baixo. Praticamente toda a gente vive numa bacia hidrográfica, que pode incluir centenas de sub-bacias. O que acontece em cada uma das bacias mais pequenas afectará a bacia principal. A qualidade da captação determina a qualidade da água captada. Poucas comunidades têm fontes de água imaculadas e a qualidade da água da maioria das fontes está em risco devido a actividades que ocorrem na captação (Estação de Tratamento de Água, 2004).

2.2.2Coagulação e Floculação

Os processos de coagulação/floculação utilizam geralmente sulfato de alumínio (alúmen) ou cloreto férrico como coagulante. O processo é controlado de modo a que os produtos químicos coagulantes sejam removidos juntamente com os contaminantes. Uma combinação de coagulação/floculação/sedimentação e filtração é a tecnologia de tratamento de água mais amplamente aplicada em todo o mundo, usada rotineiramente para o tratamento de água desde o início do século XX (Water Treatment Plant, 2004).

2.2.3Recolha e espessamento de lamas

As lamas produzidas nos processos de tratamento de água são simultaneamente um produto residual e um recurso. Normalmente, as lamas estão contaminadas por metais pesados e, por vezes, por micro poluentes orgânicos. Este facto torna necessário o tratamento das lamas antes de se poderem recuperar os produtos valiosos. O filtro prensa chamado biofilme é outro processo disponível para desidratar as lamas para eliminação final em terra. Mesmo as partículas muito pequenas aderem a este biofilme e são retidas, enquanto a água de qualidade muito melhorada passa através do filtro (Winkle, 2004).

2.2.4Filtragem

Este é um dos processos mais antigos e mais simples utilizados para tratar a água, fazendo-a passar por um leito de partículas finas, normalmente areia. Este processo é designado por filtração em areia, em que a água é simplesmente passada através do filtro sem qualquer outro pré-tratamento, como a adição de um coagulante. Normalmente, este tipo de filtro remove os sólidos finos em suspensão e também algumas outras partículas, como os microrganismos de maiores dimensões.

A filtração em areia é ainda mais eficiente quando a água a ser tratada passa muito lentamente pelo filtro de areia. Com o tempo, as partículas de areia ficam cobertas por uma fina camada superficial de microrganismos. Embora muito eficazes, requerem uma grande área de terreno para atingir o tipo de caudais exigidos por uma grande cidade moderna. Podem também ser necessários processos adicionais para obter uma qualidade de água adequada.

No início do século XX, os engenheiros desenvolveram filtros rápidos de areia, que utilizam elevados caudais de água e uma sofisticada retrolavagem do leito filtrante para remover os contaminantes retidos. Os processos de filtração em areia tornam-se menos eficazes na remoção de partículas finas em suspensão a taxas de fluxo de água mais elevadas, em que a água tem de ser pré-tratada - coagulada e floculada - antes de passar pelo leito do filtro. Estes processos de filtração direta de elevado caudal são amplamente aplicados à água bruta com baixos níveis de matéria em suspensão.

2.2.5Desinfeção

A desinfeção é efectuada para matar os microrganismos nocivos que possam estar presentes no abastecimento de água e para evitar que os microrganismos voltem a crescer nos sistemas de distribuição.

Sem desinfeção, as doenças transmitidas pela água tornam-se um problema, causando elevadas taxas de mortalidade infantil e uma baixa esperança de vida. Os principais factores considerados por uma autoridade da água na seleção de um sistema de desinfeção são

♦ Eficácia na eliminação de uma série de microrganismos.

♦ Potencial para formar subprodutos de desinfeção possivelmente nocivos.

♦ Capacidade de o agente desinfetante permanecer eficaz na água ao longo do sistema de distribuição.

♦ Segurança e facilidade de manuseamento de produtos químicos e equipamentos.

♦ Relação custo-eficácia.

2.3 Qualidade da água

A água é essencial para a vida humana e para a saúde do ambiente. Enquanto recurso natural valioso, abrange ambientes marinhos, estuarinos, de água doce (rios e lagos) e subterrâneos, em zonas costeiras e interiores. A água tem duas dimensões intimamente ligadas, que são as caraterísticas de quantidade e de qualidade. A qualidade da água é geralmente definida pelas suas caraterísticas físicas, químicas, biológicas e estéticas (aspeto e cheiro). Um ambiente saudável é aquele em que a qualidade da água suporta uma comunidade rica e variada de organismos e protege a saúde pública.

2.4 Armazenamento de água

Após o tratamento, a água potável é distribuída através de grandes condutas principais para reservatórios de armazenamento de água, onde é reticulada para cada casa através de uma rede de condutas de água mais pequenas. Em alguns sistemas urbanos de água, o abastecimento de água é obtido diretamente de um rio ou de outra massa de água doce. Noutros, os rios são represados e o abastecimento de água é distribuído a partir de armazenamentos artificiais, como reservatórios. As barragens são construídas ao longo dos rios e ribeiros para criar reservatórios e a água é recolhida das bacias hidrográficas para garantir um abastecimento suficiente quando necessário. Para além do abastecimento de água, a agricultura e a produção de energia hidroelétrica são outras finalidades. A água também pode ser libertada de uma albufeira como um "caudal ambiental" para manter a saúde do ecossistema a jusante da albufeira. Estima-se que os grandes reservatórios construídos em todo o mundo armazenem cinco biliões de megalitros de água (Estação de Tratamento de Água, 2004).

As condutas e tubagens de água por baixo das ruas de uma comunidade são descritas como o sistema de distribuição de água ou sistema de reticulação. Como parte deste sistema, os reservatórios de serviço estrategicamente localizados armazenam e fornecem água suficiente para satisfazer o pico de procura local a uma pressão suficiente. Estes reservatórios de serviço são frequentemente grandes tanques cobertos numa posição elevada. As bombas e as válvulas constituem também uma parte importante do sistema de distribuição. Os pontos finais do sistema são as torneiras dos consumidores. A água tratada pode ser retida numa estação de tratamento ou imediatamente descarregada no sistema de condutas e tubagens que a transportarão para as torneiras dos consumidores. No caminho, pode ser armazenada em reservatórios de curta duração, normalmente conhecidos como reservatórios de serviço, que estão localizados o mais próximo possível do local onde a água será utilizada.

É necessária água suficiente numa área local para abastecer períodos de grande procura, como num dia quente de verão. Do ponto de vista do projeto, as necessidades dos serviços de incêndio determinam normalmente a capacidade do sistema. Uma parte significativa do sistema de abastecimento de água encontra-se enterrada no subsolo. Fora da vista do público, estas infra-estruturas podem ser negligenciadas. É fácil esquecer como os sistemas de distribuição de água são valiosos e essenciais para a comunidade. A maioria dos sistemas de distribuição desenvolveu-se e expandiu-se à medida que as áreas urbanas cresceram. No entanto, um sistema de distribuição exige uma limpeza regular (lavagem e lavagem), manutenção e um programa de substituição de tubagens e outros equipamentos à medida que se aproximam do fim da sua vida útil. As condutas de água podem ter uma vida útil de 40 a 100 anos.

Muitas das condutas sob as zonas mais antigas das nossas cidades podem estar na extremidade superior deste intervalo.

2.4.1 Sistema de distribuição de água

Os sistemas de distribuição de água transportam a água extraída da fonte de água ou da instalação de tratamento até ao ponto em que é entregue aos utilizadores. Estes sistemas lidam com uma procura de água que varia consideravelmente ao longo do dia. O consumo de água é mais elevado durante as horas em que a água é utilizada para higiene pessoal e limpeza, e quando se preparam alimentos e se lava a roupa. O consumo de água é mais baixo durante a noite (Mays, 2000). Esta variação no caudal pode ser resolvida operando bombas em paralelo e/ou construindo um armazenamento de equilíbrio no sistema. Para o abastecimento de água a pequenas comunidades, o sistema de distribuição com armazenamento de água (por exemplo, um reservatório de serviço) é a opção preferível, dado que o fornecimento de eletricidade ou de gasóleo para alimentar as bombas não é geralmente fiável. Embora possa ser simples, a construção de tal sistema pode representar um investimento de capital substancial e o projeto deve ser feito corretamente.

Geralmente, o sistema de distribuição de uma pequena comunidade de abastecimento de água é concebido para satisfazer as necessidades domésticas e outras necessidades de água dos agregados familiares. Também pode ser fornecida água para a rega de gado e de hortas. Os reservatórios de serviço acumulam e armazenam água durante a noite para que esta possa ser fornecida durante as horas diurnas de maior procura de água.

É necessário manter uma pressão suficiente no sistema de distribuição para o proteger contra a contaminação pela entrada de água de infiltração poluída. Para o abastecimento de pequenas comunidades, uma pressão mínima de 5-10 mwc (metros de coluna de água) deve ser adequada na maioria dos casos (Nemanja, 2015).

2.4.2Operação e Manutenção de Sistemas de Distribuição.

A quantidade de água que pode ser facturada será sempre menor do que a quantidade fornecida. Isto porque a água que efetivamente passa nas torneiras é também menor do que a quantidade fornecida, seja ela facturada ou não. A diferença no primeiro caso refere-se à Água Não Contabilizada (ANC), enquanto o segundo representa a fuga, que é uma componente da ANC. Outras fontes importantes podem ser contadores de água defeituosos, ligações ilegais, falta de educação dos consumidores, etc. A UFW é um elemento importante da procura de água e uma grande preocupação de muitas empresas de água. Nalguns sistemas, o UFW é o "consumidor" mais significativo, atingindo até 50% do abastecimento total de água. Existem várias formas de combater este problema, mas devido aos elevados custos de tais programas, a consideração real tende a começar apenas quando os níveis de UFW excedem 20-30%. A conservação da água está a aumentar de importância à medida que cada vez mais regiões começam a sofrer graves carências de água, e a redução dos UFW é uma boa forma de começar. No entanto, são utilizadas várias formas técnicas e de gestão para resolver o problema do UFW. As medidas de gestão incluem o seguinte: Controlos regulares por parte dos encarregados ou por alertas dos consumidores relativamente a danos nas condutas, fugas e ligações ilegais, Controlos regulares por parte da comissão do ponto de água, encarregados e técnicos relativamente à qualidade e fugas das ligações (também a presença de ligações ilegais), contadores (se existirem) e torneiras. As fugas são normalmente o fator que mais contribui para os elevados níveis de UFW. Os factores que influenciam as fugas são as caraterísticas do solo, o movimento do solo, a carga do tráfego, os defeitos nos tubos, a má qualidade das juntas, a má qualidade do acabamento, os danos causados pela escavação para outros fins, a idade dos tubos e o nível de corrosão, as pressões elevadas no sistema e as temperaturas extremas (Nemanja, 2015).

As estimativas globais dos níveis de fugas provêm de um balanço anual do fornecimento e do consumo medido para toda a rede. Para uma análise mais pormenorizada das fugas, as partes suspeitas do sistema têm de ser inspeccionadas durante várias horas ou dias, dependendo da dimensão da área controlada. Estas medições temporárias são normalmente efectuadas durante a noite, quando o consumo real e o nível geral de ruído são mínimos. A área é isolada do resto do sistema através do fecho das válvulas de fronteira e o seu fluxo de entrada e saída é medido. O nível médio de fugas também pode ser estimado através da monitorização das pressões no sistema. Uma queda súbita de pressão pode também indicar uma falha grave na tubagem. Em condições normais, as pressões nocturnas devem ser mantidas tão baixas quanto possível, a fim de reduzir os níveis de fugas. Encontrar a localização exacta de uma fuga pode ser um problema difícil. No caso de rupturas graves, a água pode aparecer à superfície e a posição exacta da fuga pode ser determinada através da perfuração de furos de teste ao longo do percurso da tubagem. Se a fuga não for visível à superfície, tem de ser utilizado equipamento de deteção de fugas. Os dispositivos mais comuns são um detetor acústico (de som) e um correlacionador de ruído de fugas (Nemanja, 2015).

- **Contador de água avariado**

Os contadores de água defeituosos são a segunda principal fonte de água não contabilizada. Os contadores de água típicos registam os caudais com uma precisão média de cerca de 2%, quando são novos. No entanto, este erro torna-se maior para pequenos caudais, inferiores a 50 l/h. Quando não é feita uma manutenção adequada, o contador de água pode registar caudais com erros entre 20 e 40% após alguns anos de serviço. Esta falta de exatidão pode causar graves perdas de receitas.

Métodos complicados de monitorização e deteção de fugas não seriam normalmente utilizados em pequenos sistemas comunitários de abastecimento de água. Eles exigem equipamentos caros e pessoal treinado. Mesmo assim, a instalação de pelo menos alguns dispositivos de medição nos pontos certos da rede pode ser de grande ajuda na recolha de informações sobre o funcionamento do sistema. O mínimo é ter medidores de caudal e/ou de pressão nas estações de bombagem. Os níveis de água nos reservatórios também devem ser observados em intervalos regulares durante o dia. Idealmente, alguns medidores de pressão devem ser instalados na rede.

- **Corrosão de tubos metálicos**

A corrosão das tubagens metálicas é uma das principais causas do mau funcionamento dos sistemas de distribuição de água. Surge como resultado da reação entre a água e o metal. Esta corrosão interna causa três problemas que incluem: a perda de massa do tubo através da oxidação em ferro solúvel, resultando num aumento da taxa de rupturas do tubo; o segundo subproduto da oxidação é a incrustação de ferro que se acumula na parede do tubo sob a forma de tubérculos, causando uma redução da capacidade do tubo (aumento da perda de carga); e tanto o ferro solúvel como o ferro particulado afectam a qualidade da água, criando problemas de cor (água "castanha" ou "vermelha"). A corrosão externa resulta de solos agressivos e pode também contribuir em grande medida para a taxa de rebentamento dos tubos.

Para reduzir os níveis de corrosão, os tubos metálicos precisam de ter revestimentos internos e externos. Os tubos de ferro dúctil e de aço são normalmente fornecidos com um revestimento interno de cimento e revestimentos externos de plástico, epóxi ou betume. Os tubos de aço nas estações de bombagem são normalmente protegidos por pintura. O manuseamento dos tubos durante o transporte e a colocação tem de evitar danos nos revestimentos. Uma vez em serviço, o revestimento de cimento pode ser dissolvido devido à lixiviação de cálcio a valores de pH baixos. A elevada turbulência ou a mudança repentina da direção do fluxo a altas velocidades também podem danificar o revestimento.

- **Ajustamento da qualidade da água**

O ajuste da qualidade da água é a forma mais fácil e prática de a tornar não corrosiva. No entanto, nem sempre é eficaz devido a possíveis diferenças na qualidade da água nas fontes. Dois métodos básicos são a correção do pH e a redução do oxigénio. Os produtos químicos normalmente utilizados para a correção do pH são a cal, a soda cáustica ou o (bi)carbonato de sódio. A remoção de oxigénio é bastante dispendiosa, mas podem ser introduzidas algumas medidas de controlo através da otimização dos processos de arejamento e do dimensionamento de bombas de poço e de distribuição que evitem a entrada de ar.

Outras opções, como a adição de inibidores ou a proteção catódica dos tubos, são demasiado complexas e dispendiosas para pequenos sistemas de distribuição. A má conceção das tubagens e das estruturas pode causar corrosão grave, mesmo em materiais altamente resistentes. Algumas das considerações de conceção importantes incluem: seleção da velocidade de fluxo adequada, seleção da espessura metálica adequada, redução das tensões mecânicas, evitar curvas e cotovelos acentuados, evitar a ligação à terra dos circuitos eléctricos do sistema, proporcionar fácil acesso à estrutura para inspeção periódica, manutenção e substituição de peças danificadas.

- **População animal**

O problema do aparecimento de populações animais nos sistemas de distribuição de água é predominantemente estético, pelo que se trata de o manter a um nível tal que o consumidor não se aperceba da sua presença. A desinfeção das condutas pode ser feita quer por limpeza quer por tratamento químico. Os animais nadadores podem ser removidos com relativa facilidade por lavagem e o tratamento químico é efectuado quando a lavagem é insuficiente. Os produtos químicos normalmente utilizados são o cloro, as piretrinas e a permetrina. As piretrinas e a permetrina são tóxicas para os peixes, pelo que devem ser utilizadas e eliminadas com muito cuidado.

Quando se utiliza cloro, são necessárias concentrações mais elevadas do que as dosagens normais na água que sai da estação de tratamento. As concentrações aplicadas durante a pré-cloração podem ser eficazes na redução do aparecimento de animais nas instalações de tratamento. Uma infestação no sistema de distribuição pode ser controlada, na maioria dos casos, mantendo 0,5-1,0 mg/l de cloro residual durante uma ou duas semanas. As medidas a longo prazo incluem a remoção de matéria orgânica (restringindo os nutrientes para os animais), o que pode ser conseguido através dos seguintes métodos: Melhoria do processo de tratamento no que diz respeito à remoção de sólidos suspensos e à penetração de animais; limpeza periódica de tubagens e reservatórios de serviço; manutenção de um cloro residual em todo o sistema de distribuição; proteção adequada das aberturas nos reservatórios de serviço; e eliminação de becos sem saída e águas estagnadas sempre que possível.

2.4.4 Evitar potenciais problemas ao misturar fontes de água na distribuição

Há muitos sistemas de distribuição em que as águas de duas ou mais fontes se misturam na rede. Na maioria dos casos, isto não tem qualquer efeito prejudicial na qualidade da água; no entanto, se águas de composição significativamente diferente se misturarem no sistema, podem ocorrer problemas de qualidade. É, portanto, prudente investigar os problemas potenciais antes de introduzir uma nova fonte e tomar medidas corretivas quando necessário. Quando uma fonte adicional é introduzida, podem ocorrer problemas numa ou mais das três categorias gerais seguintes: Alteração a longo prazo da composição da água recebida por uma zona ou por consumidores, em que algumas zonas receberão água diferente do abastecimento anterior. Isto pode causar problemas em certos processos industriais, desestabilizar depósitos em tubagens e biofilmes e levar a queixas sobre a qualidade estética por parte dos consumidores, alterações diárias na composição da água recebida por uma zona ou pelos consumidores, em que algumas partes da rede podem receber água de diferentes fontes em diferentes alturas do dia (fluxo das marés). Surgem problemas semelhantes aos da alteração da composição a longo prazo, mas neste caso são devidos à variabilidade da qualidade a curto prazo. Estes caudais de maré são muito difíceis de gerir; e mistura de duas águas diferentes, em que os consumidores podem receber uma mistura das duas águas ao longo do dia. O rácio entre as duas águas pode ser constante ou variável. Certos rácios podem ter efeitos mais prejudiciais do que outros rácios das mesmas águas, e algumas misturas podem mesmo ter efeitos que não se verificariam com qualquer das águas de origem isoladamente (Kay et al, 2004).

2.5 Rede de distribuição de água

Tipos de sistemas de redes de distribuição

Existem basicamente dois layouts principais de uma rede de distribuição, nomeadamente: Configuração ramificada e configuração em loop (Nemanja, 2015).

As redes ramificadas são predominantemente utilizadas para o abastecimento comunitário de pequena capacidade, distribuindo a água maioritariamente através de fontanários públicos e com poucas ligações domésticas, ou mesmo nenhumas. No entanto, são adequadas, tendo em conta a simplicidade e os custos de investimento aceitáveis. Os sistemas ramificados são fáceis de conceber, sendo a direção do fluxo de água e os caudais prontamente determinados para todas as condutas. Isto é diferente nas redes de distribuição em anel, onde os consumidores podem ser abastecidos em mais do que uma direção. As redes em anel melhoram consideravelmente a hidráulica do sistema de distribuição, o que é de grande importância no caso de uma das condutas estar fora de serviço para limpeza ou reparação.

Desvantagens

- Baixa fiabilidade, que afecta todos os utilizadores situados a jusante de qualquer avaria no sistema
- Perigo de contaminação causado pela possibilidade de uma grande parte da rede ficar sem água em situações irregulares.
- A procura flutuante de água produz variações de pressão bastante grandes.
- Acumulação de sedimentos, devido à estagnação da água nas extremidades do sistema (extremidades "mortas"), resultando ocasionalmente em problemas de sabor e odor.

Uma rede em anel tem normalmente um esqueleto de condutas secundárias que também podem ter a forma de um ramal, um anel ("ring") ou vários anéis. A partir daí, a água é encaminhada para as condutas de distribuição e depois para os consumidores. As condutas secundárias estão ligadas a um ou mais circuitos ou anéis. A rede em grandes sistemas de distribuição (urbanos) será muito mais complexa, essencialmente uma combinação de loops e ramais com muitos tubos interligados que requerem muitas válvulas e peças especiais. Para poupar nos custos de equipamento, podem ser utilizadas condutas transversais que não estejam interligadas, mas à custa de uma menor fiabilidade

O número e o tipo de ligações de serviço, que é um ponto em que a água é entregue aos utilizadores, tem uma influência considerável na escolha de um traçado de rede. Os tipos de ligações de serviço incluem: Ligação à casa, ligação ao pátio, ligação ao grupo e fontanários públicos.

2.5.1 Ligações da casa

Uma ligação doméstica é um tubo de abastecimento de água ligado a uma ou mais torneiras através da canalização interna, por exemplo, na cozinha e na casa de banho são normalmente utilizadas torneiras de 9 mm (3/8 polegadas) e 12 mm (1/2 polegada). O tubo de serviço é ligado à rede de distribuição na rua através de uma peça em T (em tubos de pequeno diâmetro), uma peça de inserção especial (virola) ou uma sela (em tubos secundários de maior dimensão). Uma peça de inserção especial é utilizada principalmente para tubos de ferro fundido e ferro dúctil.

2.5.2 Ligação ao pátio

Uma ligação ao pátio é muito semelhante a uma ligação à casa, com a única diferença de que a torneira é colocada no pátio, no exterior da casa. Não são fornecidas tubagens e acessórios internos São utilizados tubos de plástico (cloreto de polivinilo ou polietileno), de ferro fundido e de aço galvanizado, tanto para as ligações domésticas como para as ligações ao pátio.

2.5.3 Ligações de grupo

Existem torneiras exteriores que são partilhadas por um grupo claramente definido de agregados familiares, muitas vezes vizinhos. Partilham a torneira e pagam a conta em conjunto. Cada família pode pagar a mesma quota (fixa) ou as contribuições podem ser ponderadas de acordo com o volume estimado de água que cada família consome. As estimativas de consumo podem basear-se em indicadores como a dimensão e a composição da família e os tipos de utilização pelos diferentes agregados familiares. Por vezes, as torneiras podem ser fechadas à chave e um comité local tem a chave e gere a utilização e o financiamento.

2.5.4 Tubos públicos

Os fontanários públicos podem ter uma ou mais torneiras, mas os fontanários de torneira simples e de torneira dupla são os tipos mais comuns nas zonas rurais. São feitos de tijolo, alvenaria ou betão, ou utilizam postes de madeira e materiais semelhantes. A conceção deve ser feita em estreita consulta com os utilizadores (especialmente as mulheres), a fim de se chegar a uma solução ergonomicamente óptima. Os fontanários podem ter plataformas a diferentes níveis, facilitando a sua utilização por adultos e crianças com contentores de diferentes tamanhos. Podem ser construídas instalações de abeberamento e/ou de lavagem e/ou de banho do gado nas proximidades. A conceção e, muitas vezes, também a construção, devem ser feitas em consulta e com a participação dos agregados familiares utilizadores, ou seja, tanto homens como mulheres. As torneiras públicas que se alimentam de um pequeno reservatório (cisterna) representam um método alternativo de distribuição de água

Cada fontanário deve estar situado num ponto adequado dentro da área da comunidade, de modo a limitar a distância que os utilizadores de água têm de percorrer para recolher a água. A distância a percorrer a pé pelo utilizador mais distante de um fontanário deve, sempre que possível, ser limitada a 200 m; em zonas rurais escassamente povoadas, 500 m podem ser aceitáveis. A capacidade de descarga necessária de um tubo vertical é normalmente de cerca de 14-18 litros/minuto em cada saída. Um fontanário de torneira única deve, de preferência, ser utilizado por um máximo de 40-70 pessoas; um fontanário de torneira múltipla pode fornecer um serviço razoável para um máximo de 250-300 pessoas; em caso algum o número de utilizadores dependentes de um fontanário deve exceder 500.

Os fontanários públicos podem funcionar a baixa pressão. Os sistemas de distribuição que servem apenas fontanários podem, portanto, utilizar tubagens de baixa pressão, enquanto as tubagens para sistemas de distribuição com ligações domésticas têm geralmente de ser de uma classe de pressão mais elevada.

A água captada num fontanário público deve ser transportada para casa num recipiente (balde, bidão, vasilha, pote, etc.). Isto significa que a água que era segura no momento da captação pode já não o ser no momento em que é utilizada em casa. O consumo de água dos fontanários não ultrapassa geralmente os 20-30 litros por pessoa e por ano.

2.5.5Secção transversal de um tubo vertical de torneiras múltiplas

A utilização de água para outros fins que não beber e cozinhar é suscetível de ser reduzida quando a água tem de ser retirada de um tubo vertical. As ligações ao pátio e à casa encorajam normalmente uma utilização mais generosa da água para fins de higiene pessoal e limpeza. Este consumo aumenta quando são acrescentadas outras instalações (por exemplo, para lavar/banhar) para reduzir a quantidade de água que as mulheres e as crianças têm de transportar para casa.

O desperdício de água dos fontanários pode ser um problema grave, especialmente quando os utilizadores não fecham as torneiras. Além disso, a má drenagem da água derramada pode provocar a estagnação de poças de água suja, com os riscos associados para a saúde. Também não é raro as torneiras serem danificadas pelos utilizadores e, por vezes, ocorrerem furtos. Estes problemas ocorrem particularmente quando os projectos não satisfazem as necessidades dos utilizadores, ou seja, não houve uma consulta adequada com os utilizadores (mulheres e homens) e/ou não existem disposições claras de gestão. Uma forma de lidar com estes problemas é através do pagamento pela água consumida, que é uma forma justa e eficaz de gestão da procura de água. Muitas vezes, as pessoas que vendem água são mulheres, pois são escolhidas pela sua fiabilidade e confiança, pela sua necessidade de estarem presentes para trabalhar no seu próprio bairro e pela sua aptidão como promotoras de higiene junto de outras mulheres e crianças.

Apesar das suas insuficiências, as ligações colectivas e os fontanários públicos são, de facto, as únicas opções práticas para a distribuição de água a um custo mínimo para um grande número de pessoas que não podem pagar os custos muito mais elevados das ligações domésticas ou no quintal. De facto, as habitações não são frequentemente construídas de forma adequada para permitir a instalação de canalizações internas. Muitas vezes seria impossível para uma pequena comunidade obter o capital substancial para um sistema de distribuição de água com ligações domésticas. Além disso, os custos da eliminação adequada das quantidades consideráveis de águas residuais geradas por um serviço de abastecimento de água ligado à habitação representariam um pesado encargo financeiro adicional para a comunidade. Consequentemente, têm de ser instalados fontanários públicos e a principal preocupação deve ser a de reduzir tanto quanto possível as suas deficiências inerentes.

É possível desenvolver um sistema de distribuição de água por fases, actualizando-o gradualmente quando o nível de vida da comunidade melhorar e houver fundos disponíveis. Este é um ponto importante para a consulta da comunidade, uma vez que o custo inicial para cada agregado familiar pode ser limitado, ao mesmo tempo que se pode prever uma futura melhoria do nível de serviço. Ao projetar o sistema de distribuição, deve ser feita uma provisão para a sua posterior modernização. O projetista tem de ter em conta a maior procura de água per capita associada a melhores instalações de abastecimento de água aos agregados familiares.

O custo de um sistema de distribuição de água depende principalmente do comprimento total dos tubos instalados e menos dos diâmetros desses tubos. Por isso, pode ser vantajoso projetar os componentes principais diretamente para a capacidade final. Isto aplica-se mesmo quando inicialmente apenas uma parte do sistema de distribuição é instalada para fornecer água a alguns fontanários. Assim, para começar, são previstos fontanários bastante espaçados que provavelmente podem ser abastecidos a partir de uma ou algumas condutas. Um reservatório elevado (ou tanque) será muito útil para obter uma alimentação fiável de água para o sistema de distribuição, particularmente se a água for retirada da fonte de água por bombagem.

Na fase seguinte, serão instalados fontanários adicionais para reduzir o espaçamento e, consequentemente, a distância que a água tem de ser transportada pelos utilizadores. Isto pode significar a instalação de mais condutas de distribuição que sirvam os aglomerados mais densamente povoados da comunidade. Quando este nível básico de serviço de água se tiver espalhado por toda a comunidade, pode seguir-se a instalação de torneiras de quintal e ligações domésticas. Provavelmente, isto será feito em simultâneo com a instalação de mais fontanários para melhorar o serviço aos utilizadores que dependem deste tipo de abastecimento. A distribuição de torneiras públicas é uma questão muito sensível e deve ser sempre feita de forma pública e responsável para evitar que certos grupos ou indivíduos dominem a escolha. Escolher os locais possíveis num mapa social e chegar a acordo sobre esses locais numa reunião pública com um quórum de homens e mulheres chefes de família ajuda a travar a influência da "elite".

2.5.6Efeitos potenciais das redes de zonagem

Existem várias razões para dividir as redes em zonas mas, essencialmente, o objetivo é conseguir um maior controlo sobre a distribuição da água. Um exemplo é a prática de dividir a rede em "zonas de contadores distritais" para efeitos de controlo de fugas, em que as válvulas são fechadas de modo a que um grupo de 1000-2000 propriedades seja abastecido através de um único contador de caudal. Qualquer que seja a principal razão para a divisão em zonas, existem potenciais benefícios do ponto de vista da qualidade da água. A contenção de incidentes relacionados com a qualidade da água (por exemplo, contaminação) é muito mais fácil se uma área puder ser rapidamente isolada. Se a zona for pequena, então deve ser possível conter o problema numa área pequena, a zonagem pode reduzir a extensão e a complexidade da mistura na distribuição, de modo a que mais consumidores sejam regularmente abastecidos com a mesma qualidade de água e a interpretação incorrecta dos dados de análise de amostras seja mais fácil (Kay et al, 2004).

2.6 Considerações sobre a conceção

A procura diária de água numa área comunitária varia durante o ano devido aos padrões climáticos sazonais, à situação de trabalho (por exemplo, tempo de colheita) e a outros factores, tais como ocasiões culturais ou religiosas. A variação horária da procura doméstica de água durante o dia é muito maior. Geralmente, podem observar-se dois períodos de pico: um de manhã e outro ao fim da tarde. A procura horária de pico pode ser expressa como a procura horária média multiplicada pelo fator de pico horário. Para uma determinada área de distribuição, este fator depende da dimensão e do carácter da comunidade servida. O fator de pico horário tende a ser elevado para pequenas aldeias. É normalmente mais baixo para comunidades maiores e pequenas cidades. Onde os tanques de telhado ou outros recipientes de armazenamento de água são comuns, o fator de pico horário será ainda mais reduzido. Normalmente, o fator é escolhido entre 1,5 e 2,5. Quando uma ligação de tubagem é concebida para abastecer um pequeno grupo de consumidores, deve ser adotado um valor mais elevado.

Ao desenvolver um novo sistema ou extensão, o ponto de partida também pode ser um consumo específico que não inclua necessariamente as fugas. Um sistema de distribuição de água é normalmente concebido para satisfazer a procura horária máxima. Esta procura máxima pode então ser calculada como procura horária média. Isto geralmente não é económico e, por vezes, nem sequer tecnicamente viável. As capacidades de projeto dos vários componentes de um sistema de abastecimento de água são normalmente escolhidas. O reservatório de serviço é fornecido para equilibrar a taxa de abastecimento (constante) da fonte de água/estação de tratamento com a procura flutuante de água na área de distribuição. O volume de armazenamento deve ser suficientemente grande para acomodar as diferenças acumuladas entre a oferta e a procura de água.

2.6.1Conceção do sistema de distribuição

Os critérios de projeto para pressões, velocidades e gradientes hidráulicos são semelhantes aos das condutas de transporte abordados no capítulo 20, mas são definidos numa gama um pouco mais ampla devido à variação da procura. Uma gama típica de velocidades em condutas de distribuição situa-se entre 0,5 e 1,0 m/s, ocasionalmente até 2 m/s. Os gradientes hidráulicos variam normalmente entre 1 e 5 m/km, ocasionalmente até 10 m/km. No caso de tubos mais pequenos, D< 50 mm, o gradiente hidráulico pode ser ainda maior.

O critério de pressão depende das condições topográficas, da disponibilidade de água na fonte e do estado geral das tubagens. As pressões mínimas não devem descer abaixo de 5-10 mwc. Em áreas de distribuição maiores, onde a escassez de água não é um problema, as pressões mínimas podem variar entre 20 e 30 mwc acima do nível da rua, onde existem ligações domésticas. Isto é suficiente para o abastecimento de edifícios de 2-3 andares. Pressões superiores a 60 mwc devem ser evitadas em geral, devido ao aumento de fugas e riscos de rebentamentos, especialmente em redes mal mantidas (Kay et al, 2004).

2.7 Reservatório subterrâneo com estação de bombagem combinada com torre de água

Os reservatórios subterrâneos de grandes dimensões, com alguns milhares de metros cúbicos, são normalmente construídos em betão armado. Os mais pequenos podem ser de betão maciço ou de alvenaria de tijolo. As torres de água são feitas de aço, betão armado ou alvenaria sobre colunas de betão. Os reservatórios de aço são geralmente colocados numa estrutura de suporte de aço ou de madeira.

2.7.1Reservatório de serviço pequeno

Traçado e pedidos nodais Após a escolha de um esquema de abastecimento preliminar (gravidade/bombeamento) e do tipo de traçado da rede (ramificado/em loop) com os seus componentes principais, a área de distribuição é dividida em vários distritos de procura de acordo com a topografia, a classificação do uso do solo e a densidade populacional. Os limites podem ser traçados ao longo de rios, estradas, pontos altos ou outras caraterísticas que distinguem cada distrito. A rede secundária e as condutas de distribuição podem então ser traçadas no plano.

Uma vez fixados todos os sectores, a população de cada distrito pode ser estimada ou calculada a partir de dados recolhidos no processo de envolvimento da comunidade. A demanda de água por distrito é então calculada usando valores de uso de água per capita para o consumo doméstico de água e valores selecionados para as outras necessidades de água não domésticas (incluindo usos produtivos). Este valor de utilização per capita pode variar dependendo do nível de serviço de água que a comunidade no distrito em causa tenha decidido.

2.7.2Conceção e exploração de reservatórios de serviço

Os reservatórios de serviço (ou seja, reservatórios que armazenam água tratada) permitem acomodar as flutuações da procura sem perda de integridade hidráulica. Podem também garantir o abastecimento, pelo menos durante uma parte do dia, enquanto o afluxo à rede é interrompido (por exemplo, para manutenção das instalações de tratamento ou da tubagem a montante, ou para um incidente de contaminação). Os reservatórios de serviço devem ser cobertos para evitar a contaminação da água por fezes de animais e outros poluentes. Um reservatório de serviço pode permitir que a água envelheça durante várias horas (ou dias) e que o resíduo de desinfetante diminua, particularmente em zonas com temperaturas ambiente elevadas. São possíveis regiões de água estagnada se o reservatório não for concebido ou operado corretamente, o que cria um risco de entrada de água de má qualidade no abastecimento se o reservatório for operado fora dos seus limites habituais. A entrada de contaminantes, como fezes de animais, também é uma possibilidade (por exemplo, através de escotilhas mal fechadas, fendas nas paredes e proteção contra parasitas danificada)

Para obter um valor realista da procura de água, deve assumir-se uma determinada percentagem de fugas; cerca de 10% da produção de água é um pressuposto justo no caso de sistemas novos. Embora na realidade a água seja retirada em muitos pontos ao longo do comprimento das tubagens, é prática comum de engenharia assumir que toda a procura se concentra nos pontos nodais (ou seja, junções de tubagens) da rede de distribuição. O cálculo hidráulico é muito simplificado por este pressuposto e os erros assim introduzidos são aceitáveis.

Para o cálculo preliminar das necessidades nodais, pode ser empregue um método simples, utilizando a taxa de consumo de água por metro linear de tubo de distribuição. Esta taxa é, naturalmente, muito influenciada pelo tipo de pontos de descarga: fontanários públicos e torneiras de pátio.

2.8 Conceção e exploração da rede de condutas

O objetivo de um sistema de tubagens é fornecer água a uma pressão e caudal adequados. No entanto, a pressão perde-se devido à ação do atrito na parede do tubo. A perda de pressão depende também das necessidades de água, do comprimento da tubagem, do declive e do diâmetro. Várias equações empíricas estabelecidas descrevem a relação pressão-fluxo (Webber, 1971), e estas foram incorporadas em pacotes de software de modelação de redes para facilitar a sua solução e utilização. Ao projetar um sistema de condutas, o objetivo é assegurar que existe pressão suficiente no ponto de abastecimento para fornecer um caudal adequado ao consumidor. Por exemplo, em Inglaterra e no País de Gales, as empresas de abastecimento de água são obrigadas a fornecer água a uma única propriedade a um mínimo de 10 m de pressão na torneira de paragem limite com um caudal de 9 l/min (Office of Water service, 1999). Esta pressão mínima aumenta à medida que aumenta o número de propriedades abastecidas através de um único tubo de serviço. Para efeitos de manutenção da qualidade microbiana, é importante minimizar os tempos de trânsito e evitar caudais e pressões baixos. Estes requisitos têm de ser equilibrados com os aspetos práticos do abastecimento de água de acordo com a localização dos consumidores e onde os tubos podem ser colocados.

2.8.1 Bombas e válvulas de controlo

Se a gravidade não for suficiente para fornecer água a uma pressão adequada, é necessário instalar bombas para aumentar a pressão. As bombas podem ser de funcionamento permanente ou intermitente. Podem ser controladas por um interruptor horário, pela pressão ou pelo nível de água num tanque ou reservatório. Pode ser necessário um sistema de reserva (por exemplo, uma bomba de reserva). As válvulas de controlo (por exemplo, válvulas redutoras de pressão, válvulas anti-retorno e válvulas de estrangulamento) são concebidas para otimizar o funcionamento de uma rede no que respeita à pressão, ao abastecimento de água e aos custos de energia. Algumas válvulas de controlo podem ser controladas a partir de um local remoto. Por exemplo, uma válvula redutora de pressão pode ser controlada pela pressão num local mais a jusante, que se sabe ser o ponto crítico de baixa pressão na rede. Todas estas válvulas de controlo têm de ser concebidas corretamente para a sua aplicação. A manutenção regular é fundamental para garantir que a qualidade da água não é comprometida. Se as bombas ou válvulas falharem, podem surgir pressões baixas ou negativas, o que pode levar à entrada de contaminantes no sistema. A localização e o tamanho corretos de uma bomba ou válvula podem ser identificados utilizando um pacote de software de modelação de rede.

2.8.2 Materiais para tubos

A água tratada transportada através de uma rede de tubagens está exposta a numerosas superfícies. É importante que nenhum material colocado em contacto com a água potável na rede promova o crescimento microbiano ou liberte quaisquer contaminantes para a água que possam suportar o crescimento microbiano. Um sistema de aprovação de materiais, em que os materiais são testados para verificar se cumprem padrões definidos antes de poderem ser adicionados a uma lista de materiais aprovados, é uma abordagem recomendada. Não existe um sistema universalmente aceite para essas aprovações. Alguns países têm o seu próprio sistema de aprovação nacional (NAS), outros deixam a seleção de materiais seguros para as organizações individuais de abastecimento de água. A maioria dos sistemas de aprovação baseia-se em ensaios em que o produto é mantido em contacto com a água de ensaio em condições de ensaio especificadas. São realizados vários ensaios para avaliar se o material, ou os contaminantes dele provenientes, podem: afetar negativamente a qualidade geral da água; exceder os níveis admissíveis estabelecidos nas normas nacionais e nas listas positivas, etc.; e representar um risco para a saúde dos consumidores. Estes sistemas podem ou não abordar a capacidade dos materiais para suportar ou promover o crescimento microbiano.

2.8.3 Localização da tubagem

As condutas de água devem ser instaladas com uma separação adequada de potenciais fontes de contaminação, tais como esgotos, condutas de águas pluviais, condutas que transportam águas residuais recuperadas e campos de drenagem de fossas sépticas. A separação adequada dependerá do material da tubagem e do tipo de junta, das condições do solo e do espaço para reparação (American Water Works Associations Research Foundation, 2001). Devem ser seguidas as recomendações locais. Por exemplo, as seguintes distâncias de separação são recomendadas em certas normas dos EUA (Great, 1997): 3 m de separação horizontal entre condutas de água e condutas de força de esgotos sanitários ou esgotos instalados em paralelo e 45,7 cm de separação vertical para uma conduta de água que atravesse acima ou abaixo de um esgoto ou conduta de força.

2.8.4 Proteção contra ligações cruzadas e refluxos no ponto de entrega

- Significado sanitário

O abastecimento de água canalizada é vulnerável à contaminação no ponto de entrega aos consumidores, que podem ser residências, instituições ou instalações de comércio, agricultura e indústria. Nestes locais, a água é transferida para o interior da propriedade e utilizada não só para consumo através de uma torneira, mas também armazenada em reservatórios ou fornecida a diversos equipamentos. Nestas situações, a organização de abastecimento de água tem um controlo menos eficaz das tubagens do que na rede principal de abastecimento. Existe um potencial de refluxo de água destas instalações para a rede principal. Este fenómeno pode ser provocado por pressões elevadas geradas em equipamentos ligados à rede de abastecimento de água, ou por baixas pressões na rede de abastecimento. Um refluxo será um problema sanitário se existir uma ligação cruzada entre o abastecimento de água potável e uma fonte de contaminação. Exemplos de potenciais fontes de ligações cruzadas incluem distribuidores de bebidas, pulverizadores de mangueiras de jardim, equipamento de jato de água e sistemas de aspersão de incêndios. As análises de surtos de doenças transmitidas pela água em sistemas municipais identificam frequentemente eventos de refluxo.

CAPÍTULO 3

METODOLOGIA

3.1 Método e materiais

Este trabalho de investigação recorreu a um inquérito por questionário, a entrevistas e a observações. Foram efectuadas várias entrevistas a alguns dos habitantes da zona de Osogbo para obter um conhecimento mais profundo do processo de tratamento da água e do abastecimento de água a vários agregados familiares. Alguns dos inquiridos incluem agricultores, pessoas com formação académica, pessoas sem formação académica e outras com mais de 18 anos de idade. Foram distribuídos seiscentos (600) questionários em vários locais, tendo sido recolhidos apenas quinhentos e setenta e oito exemplares. Basicamente, foram utilizados dois tipos de métodos para recolher os dados do estudo, nomeadamente: Dados primários e secundários

3.1.1Dados primários

Utilizou-se um inquérito por questionário e uma entrevista, que foram enviados aos agregados familiares relevantes, tendo sido realizadas entrevistas entre os agregados familiares da população. Os resultados foram compilados e as informações obtidas foram objeto de uma análise descritiva simples.

3.1.2Dados secundários

Trata-se da informação que foi previamente recolhida ou reunida por alguém que não o investigador ou para outro fim que não o projeto de investigação em causa, documentos de investigação, artigos, manuais escolares, revistas, jornais, Internet e outras fontes de informação relacionadas com o trabalho de investigação.

3.1.3Entrevista pessoal

A entrevista pessoal foi efectuada para complementar o questionário, que envolveu uma entrevista oral sobre áreas difíceis que necessitam de mais esclarecimentos sobre o problema que a população enfrenta relativamente ao tratamento e abastecimento de água à comunidade. A entrevista oral foi efectuada em doze comunidades da metrópole de Osogbo. As comunidades incluem Dada estate, Ring road, Igbona, Alekuwodo, Ayetoro e Olaiya, Old Garage, Oke-Fia, Oja Oba, Oke Onitea, Ataoja Estate e Oke Baale, onde foram obtidas informações úteis.

3.1.4Observação visual

Trata-se de tirar fotografias de alguns tubos afectados e de fugas de tubos para conhecer a extensão dos danos na rede de distribuição, como mostra a placa 3.1.

Placa 3.1: Rebentamento do tubo em torno de Oke - Fia

3.2 Recolha de dados e técnica de amostragem

Existem diferentes formas de recolha e análise de dados, mas os dois conceitos gerais de concepções de investigação são geralmente considerados como sendo abordagens qualitativas e quantitativas; no entanto, foi adoptada uma abordagem qualitativa neste trabalho de investigação. Neste caso, foram recolhidos dados que podem ser medidos e resumidos numericamente. Os dados foram recolhidos com a utilização de questionários estruturados e foi utilizada uma técnica de amostragem em várias fases. A primeira fase envolveu a utilização de técnicas de amostragem intencional, em que a área de estudo foi dividida em duas, ou seja, áreas com abastecimento público de água racionado, tais como Alekuwodo, Jaleyemi, Dada Estate, Powerline Area, Ita-olokan, etc., e zonas sem abastecimento público de água, como Odekale, Agunbelewo,

Ataoja Estate, etc.

3.2.1 Instrumento de recolha de dados

Os dados foram recolhidos através de questionários auto-administrados, que exigem menos competências dos inquiridos e asseguram a confidencialidade e o anonimato necessários, com perguntas bem estruturadas e de tipo aberto. As perguntas consistem, na sua maioria, em respostas do tipo "sim" e "não" e apenas algumas exigem que os inquiridos justifiquem as suas respostas.

CAPÍTULO 4

RESULTADOS E DISCUSSÃO

4.1 Resultados

Os resultados do questionário distribuído a vários inquiridos e o teste de hipóteses sobre a fonte de água e a distribuição periódica de água são apresentados na Tabela 4.1 - 4.7 com o gráfico de pizza correspondente sobre o género, fontes de água, doenças transmitidas pela água, tratamento periódico da água e escassez de água apresentado na Figura 4.1 - 4.5 respetivamente.

Tabela 4.1: Percentagem de inquiridos com base no género

Sexo	Frequência	Percentagem	Percentagem válida	Percentagem acumulada
Masculino	345	59.7	59.7	59.7
Feminino	233	40.3	40.3	100.0
Total	578	100.0	100.0	

Tabela 4.2: Percentagem de inquiridos com base na fonte de água

Fonte de água	Frequência	Percentagem	Válido Percentagem	Acumulado Percentagem
Furo de sondagem	211	36.5	36.5	36.5
Bomba manual	67	11.6	11.6	48.1
Torneira pública	187	32.4	32.4	80.4
Bem	76	13.1	13.1	93.6
Outros	37	6.4	6.4	100.0
Total	578	100.0	100.0	

Tabela 4.3: Percentagem de inquiridos com base nas doenças transmitidas pela água registadas

Transmitido pela água Doença	Frequência	Percentagem	Válido Percentagem	Acumulado Percentagem
Tifoide	133	23.0	23.0	23.0
Cólera	128	22.1	22.1	45.2
Diarreia	19	3.3	3.3	48.4
Disenteria	25	4.3	4.3	52.8
Nenhum	273	47.2	47.2	100.0
Total	578	100.0	100.0	

Tabela 4.4: Percentagem de inquiridos com base no tratamento periódico da água

Período	Frequência	Percent	Válido Percentagem	Acumulado Percentagem
Semanal	193	33.4	33.4	33.4
Mensal	212	36.7	36.7	70.1
Outros	173	29.9	29.9	100.0
Total	578	100.0	100.0	

Tabela 4.5: Percentagem de inquiridos com base na experiência de escassez de água

Escassez de água	Frequência	Percent	Válido Percentagem	Acumulado Percentagem
Por vezes	368	63.7	63.7	63.7
Sempre	92	15.9	15.9	79.6
Nunca	118	20.4	20.4	100.0
Total	578	100.0	100.0	

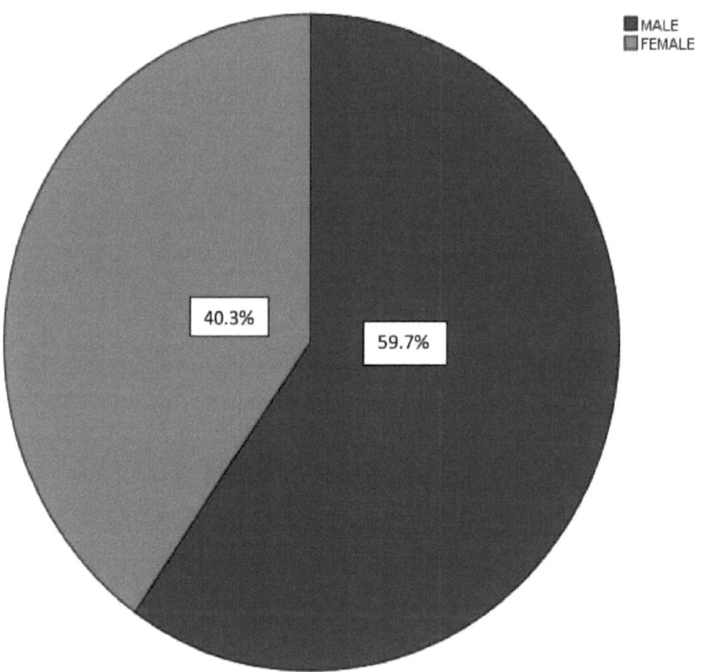

Figura 4.1: Gráfico de pizza dos inquiridos com base no género

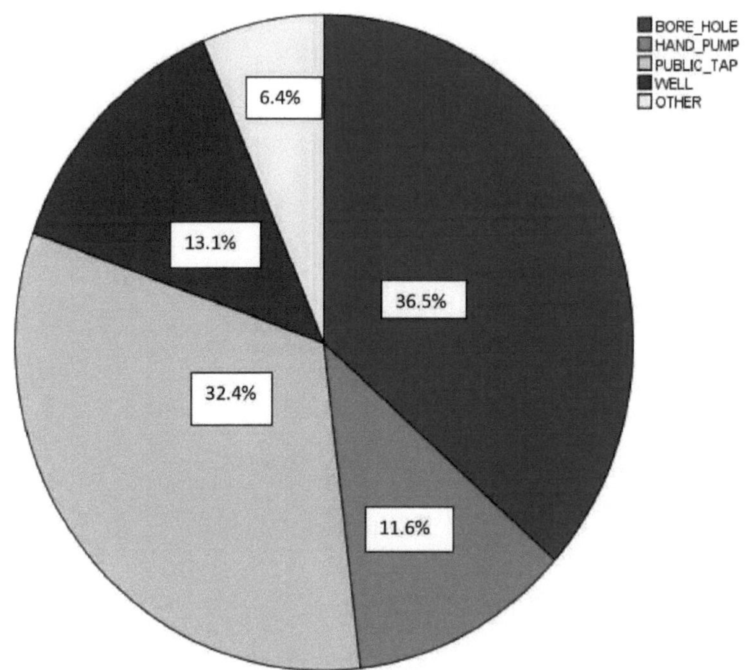

Figura 4.2: Gráfico de pizza dos inquiridos com base na fonte de água

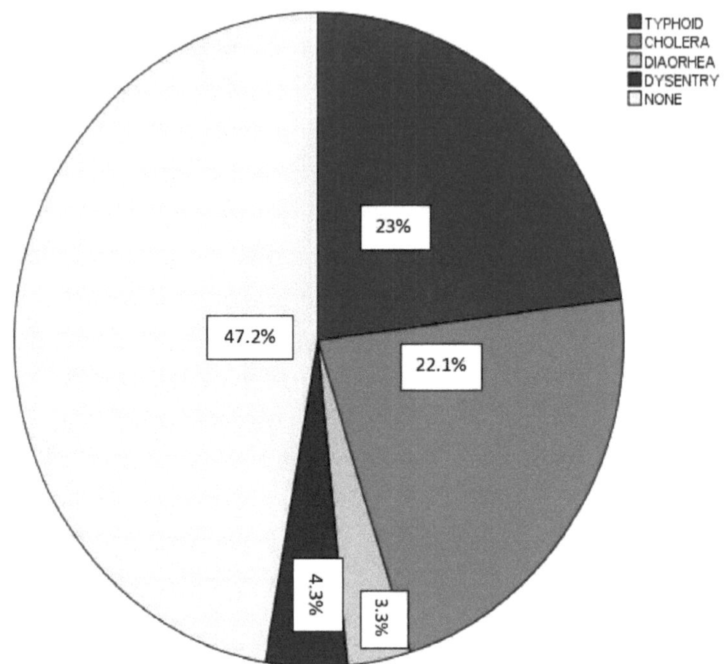

Figura 4.3: Gráfico de pizza dos inquiridos com base nas doenças transmitidas pela água

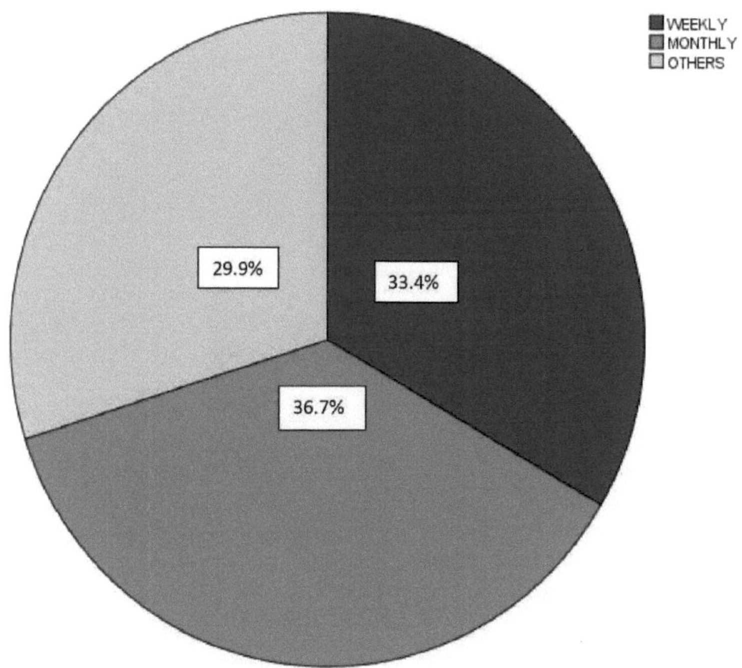

Figura 4.4: Gráfico de pizza dos inquiridos com base no tratamento periódico da água

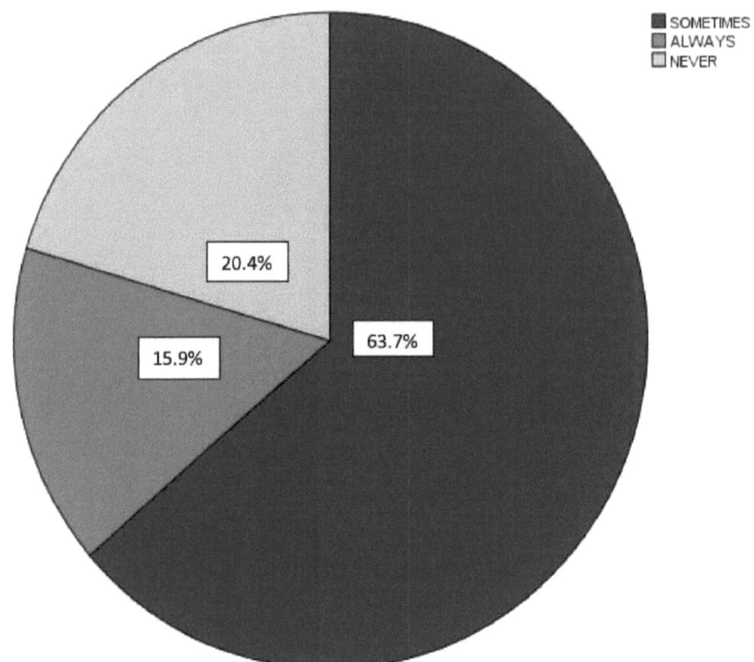

Figura 4.5: Gráfico de pizza dos inquiridos com base na experiência de escassez de água

- Teste de hipóteses

A hipótese a ser testada utilizou o Qui-Quadrado χ^2 como instrumento estatístico ao nível de significância de 5%.

O qui-quadrado é denotado por $\chi 2$

$$\chi^2_{calculated} = \frac{\Sigma(O_i - e_i)^2}{e_i}$$

em que, O_i *= frequência observada*

e_i *= frequência prevista*

$X^{(2}{}_{)(tabulado.)} = X^2(df)$

$df = (r - 1)(c - 1)$

r = número de linhas,

c = número de colunas

Regra de decisão

A regra de decisão implica a aceitação da hipótese nula *(H_0)* e a rejeição da hipótese alternativa (H_1), ou outra. A regra de decisão estabelece que, quando o ($\chi^2_{calculated}$ *is greater than the* $\chi^2_{tabulated}$), rejeito a hipótese nula ou não, o que significa que não há diferença significativa ou não.

Serão analisadas duas hipóteses para testar a hipótese nula contra a hipótese alternativa.

Primeira hipótese

H0 = A origem da água não é a causa das doenças de origem hídrica

H1 = a fonte de água é a causa das doenças transmitidas pela água

$$e_1 = \frac{total\ source\ of\ water}{5} = \frac{578}{5} = 115.6$$

Tabela 4.6: Resultado do teste de hipóteses sobre a origem da água

Fonte de água	Observado 0_i	Esperado e_i	$(0_i - e_i)$	$(0_i - e_i)^2$
Furo de sondagem	211	115.6	95.4	9101.16
Bomba manual	67	115.6	-48.6	2361.96
Torneira pública	187	115.6	71.4	5097.96
Bem	76	115.6	-39.6	1568.16
Outros	37	115.6	-78.6	6177.96
Total				24307.2

$$\chi^2_{calculated} = \chi^2(df)$$

$$\chi^2_{calculated} = \frac{\Sigma(O_i - e_i)^2}{e_i}$$

$$\chi^2_{calculated} = \frac{24307.2}{115.6}$$

$$\chi^2_{calculated} = 210.2699$$

$$\chi^2_{tabulated} = \chi^2_{1-0.05}(5-1)(4-1)$$

$$\chi^2_{tabulated} = \chi^2_{0.95,12}$$

$$= 21.03$$

Regra de decisão: Se χ^2cal > χ^2tab, rejeitamos a hipótese nula (H_0) e aceitamos a hipótese alternativa (H_1).

Uma vez que 210,2699 > 21,03, rejeitamos a afirmação de que "A FONTE DE ÁGUA NÃO É A CAUSA DA DOENÇA DO ÁRBITRO" e concluímos que "A FONTE DE ÁGUA É A CAUSA DA DOENÇA DO ÁRBITRO".

Hipótese dois:

H_o= O abastecimento de água está distribuído de forma homogénea na comunidade

H_1 = O abastecimento de água não está distribuído de forma homogénea na comunidade

$$e_1 = \frac{total\ water\ scarcity}{3} = \frac{578}{3} = 192.67$$

Tabela 4.7: Teste de hipóteses sobre a distribuição periódica de água

RESPONDENTES	Observado 0_i	Esperado e_i	$(0_i - e_i)$	$(0_i - e_i)^2$
Por vezes	368	192.67	175.33	30740.6
Sempre	92	192.67	-100.67	10134.45
Nunca	118	192.67	-74.67	5575.609

Total				46450.67

$$\chi^2_{calculated} = \chi^2(df)$$

$$\chi^2_{calculated} = \frac{\Sigma(O_i - e_i)^2}{e_i}$$

$$\chi^2_{calculated} = \frac{46450.67}{192.67}$$

$$\chi^2_{calculated} = 241.09$$

$$\chi^2_{tabulated} = \chi^2_{1-0.05}(3-1)(4-1)$$

$$\chi^2_{tabulated} = \chi^2_{0.95,6}$$

$$= 12.59$$

Regra de decisão: Se χ^2cal > χ^2tab, rejeitamos a hipótese nula (H_0) e aceitamos a hipótese alternativa (H_1).

Uma vez que 241,09 > 12,59, rejeitamos a afirmação de que "O abastecimento de água está distribuído uniformemente na comunidade" e concluímos que o abastecimento de água não está distribuído uniformemente na comunidade

4.2 Discussão dos resultados

As figuras 4.2 e 4.3 mostram que 36,5% dos inquiridos têm acesso a água de furo, 11,6% a bomba manual, 32,4% a torneira pública, 13,1% a poço e 6,4% a outra fonte de abastecimento de água. Isto é uma indicação de que a maioria dos inquiridos utiliza água de , o que reduz o nível de propensão para doenças. Mais ainda, em termos de doenças transmitidas pela água, os resultados mostram que 23,0% da população tem febre tifoide, 22,1% cólera, 4,3% disenteria, 3,3% diarreia e 47,2% não tem nenhuma das doenças referidas. Este é também o nível de higiene e de tratamento efectuado na fonte de água. Isto também colaborou com o nível periódico de tratamento da água, que mostra 36,7% mensalmente e 33,4% semanalmente, o que indica um baixo nível de ocorrência de organismos patogénicos na água tratada em comparação com um período mais longo de tratamento da água. Também vale a pena notar que 63,7% da população da área de estudo sofreu escassez de água, o que colocou muita pressão sobre o furo e o poço, uma vez que a disponibilidade de água da torneira não é regular. Este facto causa uma grande sobrecarga na população que a leva a procurar fontes alternativas através de serviços de camiões cisterna, que nem sequer são regulares.

CAPÍTULO 5

CONCLUSÃO E RECOMENDAÇÕES

5.1 Conclusão

As causas complexas da redução do abastecimento de água na metrópole de Osogbo sugerem que o efeito da utilização da água vai muito para além das zonas urbanas. Isto porque a explosão demográfica na metrópole tem um efeito muito forte nas zonas rurais que partilham a mesma estação de tratamento de água com

isto. Muitos agregados familiares já investiram uma quantidade substancial de capital para melhorar o seu abastecimento de água, por isso podem ter pouca ou nenhuma necessidade de uma ligação de água privada. Por exemplo, nas zonas onde não há acesso à água, quase todos os agregados familiares cavaram um poço ou fizeram um furo com uma bomba de água pessoal e tanques de armazenamento. O resultado do estudo mostra que a procura de serviços de água melhorados está significativamente relacionada com o rendimento dos membros do agregado familiar. No entanto, a maioria dos inquiridos está disposta a pagar por um abastecimento de água alternativo, especialmente se os serviços existentes forem melhorados, em termos de qualidade, quantidade, fiabilidade do abastecimento e dos serviços de água e com estes rendimentos do agregado familiar e os encargos de ligação à fonte alternativa. Por conseguinte, o investimento privado no abastecimento de água potável deve ser incentivado para fornecer água potável à comunidade para a subsistência e existência humana. O processo de tratamento adotado para a purificação da água fornecida à metrópole de Osogbo carece de uma operação eficaz e eficiente, pelo que os processos de tratamento da água têm de ser redefinidos, operados e geridos de forma eficaz para o fornecimento de água altamente potável, que é deficiente em termos de afinidade com doenças para a população da metrópole de Osogbo. Além disso, o defeito mais pronunciado encontrado na distribuição da água tratada foi o estado deplorável das tubagens de distribuição. Isto faz com que a água tratada seja contaminada antes de chegar aos consumidores, o que pode causar um surto de doenças se não for controlado.

5.2 Recomendações

- O governo deve apoiar financeiramente o regime das empresas de água com fornecimento de equipamentos sofisticados.

- Os sistemas de rede de distribuição de água devem ser instalados de forma homogénea e a intervalos razoáveis na metrópole de Osogbo.

- O abastecimento de água ao consumidor deve ser corretamente tratado para erradicar os vários organismos coliformes presentes na água.

- Os factores que afectam os problemas da rede de distribuição de água devem ser reduzidos ao mínimo suportável e equipados com novos materiais.

- As organizações privadas devem ser encorajadas a investir na distribuição de água para reduzir a procura de água de qualidade por parte da população.

REFERÊNCIAS

Adepoju, A. A. e Omonona, B. T. (2009). *Determinantes da vontade de pagar por um melhor abastecimento de água na metrópole de Osogbo; Estado de Osun, Nigéria.* Revista de Investigação em Ciências Sociais, Vol. 4, pp.1-6.

Laura Winkle (2004). *Estação de tratamento de água.* www.google.com.pdf Recuperado em 23 de abril de 2015.

Nemanja Trifunovic (2015). *Distribuição de água.* www.google.com Recuperado em 23 de abril de 2015.

Kay, C., John, C. e Leith, F. (2004). *Design and Operation of Distribution Network.* Publicação da IWA, Londres.

Webber NB (1971). *Fluid Mechanics for Civil Engineers (Mecânica dos Fluidos para Engenheiros Civis).* Chapman and Hall Londres.

OFWAT (1990). *July Return- Reporting Requirements and Definition Manual.* Office of Water Service, Birmingham, Reino Unido.

AWWARF (2009). *Intrusão de agentes patogénicos no sistema de distribuição.* Fundação de Investigação da Associação Americana de Fábricas de Água, Denver, EUA, 72.

Grandes Lagos do Alto Mississippi (2012). *Conselho do Rio do Estado do Alto Mississippi e Gestor Provincial de Saúde Pública e Ambiente.* Norma recomendada para obras de água 2012. Serviços de Educação para a Saúde, Albany, Nova Iorque.

Printed by Books on Demand GmbH, Norderstedt / Germany